MONTAÑA ENCANTADA

Adivina quién es?

Silvia Dubovoy

Ilustrado por David Méndez

Dientes

EVEREST

A mis nietos Isaac, Jonathan, Eithan, Edy, Alexandra,
Daniel, Arturo y Álex, con quienes miro y remiro
la vida desde los ojos de la infancia.

Doy las gracias a Paco Pacheco, entrañable amigo,
que me ha enseñado el arte de pulir palabras, de impregnar
emociones en papel y de compartir mundos extraordinarios
a través de las letras.

A Pedro Moreno, por el tiempo disfrutado y compartido
entre orejas, picos, patas, ojos, dientes y alas…
Gracias por tu generosidad y tus conocimientos.

COLA ESPONJADA,
FILOSOS DIENTECITOS;
CORRE POR LAS RAMAS
DANDO BRINQUITOS.

ARDILLA

VIVE EN LOS BOSQUES Y TREPA A LOS ÁRBOLES.

LE ENCANTA ROER NUECES Y BELLOTAS CON SUS LARGOS Y AFILADOS DIENTES.

EN LAS MADRIGUERAS QUE CONSTRUYE EN LAS COPAS DE LOS ÁRBOLES GUARDA SU COMIDA EN EL VERANO, PARA QUE NO LE FALTE EN EL INVIERNO.

ES ÁGIL Y VELOZ; SALTA DE RAMA EN RAMA Y CON SU LARGA Y ESPONJADA COLA SE AYUDA PARA SALTAR.

ASERRÍN, ASERRÁN,

CON SUS DIENTES COMO SIERRAS

NUNCA PARA DE ASERRAR.

CASTOR

CON SUS DOS AFILADOS DIENTES CORTA MILES DE ÁRBOLES A LO LARGO DE SU VIDA.

CON LOS TRONCOS Y RAMAS CONSTRUYE ENORMES MADRIGUERAS A LAS QUE LES HACE DOS ENTRADAS: UNA POR DEBAJO DEL AGUA Y OTRA POR ENCIMA. ASÍ, SI LA SUPERFICIE SE CONGELA, PUEDE NADAR BAJO EL HIELO Y LLEGAR A SU CASA.

A VECES LA CORRIENTE LE DESTRUYE LA MADRIGUERA Y TIENE QUE VOLVER A CONSTRUIRLA.

COMO SUS DIENTES LE CRECEN SIN CESAR, SI NO CORTARA TRONCOS TODO EL TIEMPO LE CRECERÍAN TANTO QUE SE LE CLAVARÍAN EN EL CUELLO.

CHIM-CHIM, CHIMUELO SE QUEDÓ,

PAN-PAN, LA PANZA LE DOLIÓ,

CE-CE, CECINA NO COMIÓ,

PORQUE ESTA ADIVINANZA

SE ACABÓ.

CHIMPANCÉ

SUS DIENTES SON IGUALITOS A LOS NUESTROS. LE SIRVEN PARA COMER DE TODO.

LAS FRUTAS Y PLANTAS LAS MUELE CON LAS MUELAS; LAS SEMILLAS DURAS LAS ABRE CON LOS COLMILLOS, Y LAS HORMIGAS Y TERMITAS, QUE TANTO LE GUSTAN, LAS MASTICA DELICADAMENTE CON LOS DIENTES PARA QUE NO LE PIQUEN LA LENGUA.

CUANDO LAS NUECES SON MUY DURAS PARA SUS COLMILLOS, UTILIZA UN TRONCO PARA PARTIRLAS Y LUEGO USA SUS DIENTES PARA SACAR LA SEMILLA.

SUS PLATOS FAVORITOS SON LAS MANZANAS Y LOS PLÁTANOS.

COME PECES Y AVES AL ANOCHECER;

TROZO A TROCITO CAMBIA SU PIEL;

TRONCO PARECE, ROCA TAMBIÉN.

COCODRILO

TIENE MÁS DE 65 DIENTES GRANDES, DUROS Y AFILADOS. COMO NO TIENE CEPILLO Y LE GUSTA MANTENERLOS LIMPIOS, ABRE SU BOCOTA PARA QUE UNOS PAJARITOS LE QUITEN LOS RESTOS DE COMIDA.

CUANDO SALE DEL HUEVO SE METE EN LA BOCA DE SU MAMÁ Y LOS GRANDES COLMILLOS DE ELLA LE SIRVEN COMO BARROTES PARA EVITAR QUE SE CAIGA.

COME UNA SOLA VEZ AL MES. COMO NO PUEDE MASTICAR, DESGARRA LO QUE SUS COLMILLOS ATRAPAN. SU MANDÍBULA SE QUEDA ATASCADA Y USA SU PODEROSA COLA PARA RETORCERSE Y TRAGAR DE UN SOLO BOCADO A SU PRESA.

DURANTE GRAN PARTE DEL DÍA FLOTA EN EL AGUA, COMO DORMIDO, ASOMANDO SÓLO EL HOCICO.

TIENE EXCELENTE MEMORIA,
FINO OLFATO Y DURA PIEL;
TIENE LOS DIENTES MÁS LARGOS
Y HERMOSOS QUE PUEDA HABER.

ELEFANTE

SUS MUELAS SON TAN GRANDES Y LISAS QUE PARECEN ZAPATOS DESGASTADOS PORQUE COME PAJA Y HIERBAS QUE RUMIA DURANTE TODO EL DÍA.

APARTE DE LAS MUELAS, LOS MACHOS TIENEN DOS GRANDES COLMILLOS DE MARFIL PUNTIAGUDOS Y ENCORVADOS HACIA ARRIBA. SON TAN PESADOS QUE SE NECESITAN HASTA TRES O CUATRO PERSONAS PARA CARGAR UNO DE ELLOS.

LOS USA PARA IMPRESIONAR A LAS HEMBRAS Y PARA GANARSE EL RESPETO DE OTROS MACHOS.

ES EL MAMÍFERO TERRESTRE MÁS GRANDE Y TIENE MUY BUENA MEMORIA.

JABÓN, JABONETE,
JABARDILLO, JABALÓN;
SU ESPOSA ES LA JABALINA
Y SU HIJO, EL JABATO.

JABALÍ

ES MUY TENAZ CUANDO SE TIENE QUE DEFENDER.

ES VEGETARIANO, PERO ARMADO CON SUS DOS PEQUEÑOS COLMILLOS AL LADO DE LA BOCA ES CAPAZ DE HACER HUIR AL MÁS FEROZ Y PODEROSO DE SUS CONTRINCANTES.

NO TIENE MIEDO DE ANIMALES DIEZ VECES MÁS GRANDES QUE ÉL, POR ESO LOS ANTIGUOS GUERREROS USABAN UNO DE SUS COLMILLOS COLGADO AL CUELLO COMO SÍMBOLO DE VALENTÍA.

EL PELIGRO DE SUS COLMILLOS ESTÁ EN LO FILOSOS Y ENCORVADOS, Y EN LA FUERZA DE SU CABEZA PARA ARREMETER DE ABAJO HACIA ARRIBA.

ES MUY PROTECTOR CON SU FAMILIA Y SÓLO ATACA PARA DEFENDERLA.

PUEDE MORDER PARA CAZAR
Y EN SU MORDIDA SER CAZADA.

MORENA

ES UN PEZ LARGO LARGO, QUE CUANDO NADA PARECE UNA SERPIENTE MARINA.

VIVE EN CUEVAS, ENTRE LAS ROCAS, Y NO VE MUY BIEN.

SI TIENE HAMBRE, ABRE SU ENORME BOCA Y ATRAPA A SU PRESA, MOSTRANDO SUS AFILADOS Y PUNTIAGUDOS DIENTES.

CUANDO LANZA LA MORDIDA SE LE TRABA LA MANDÍBULA Y SE QUEDA ATORADA. TIENE QUE DESGARRAR LO MORDIDO PARA PODERSE ZAFAR.

CUANDO MUERDE HA DE CUIDARSE PORQUE CORRE EL RIESGO DE SER CAZADA EN LUGAR DE CAZADORA.

TIENE UN LARGO DIENTE,
CON ÉL HACE ESGRIMA
Y NO SE LASTIMA.

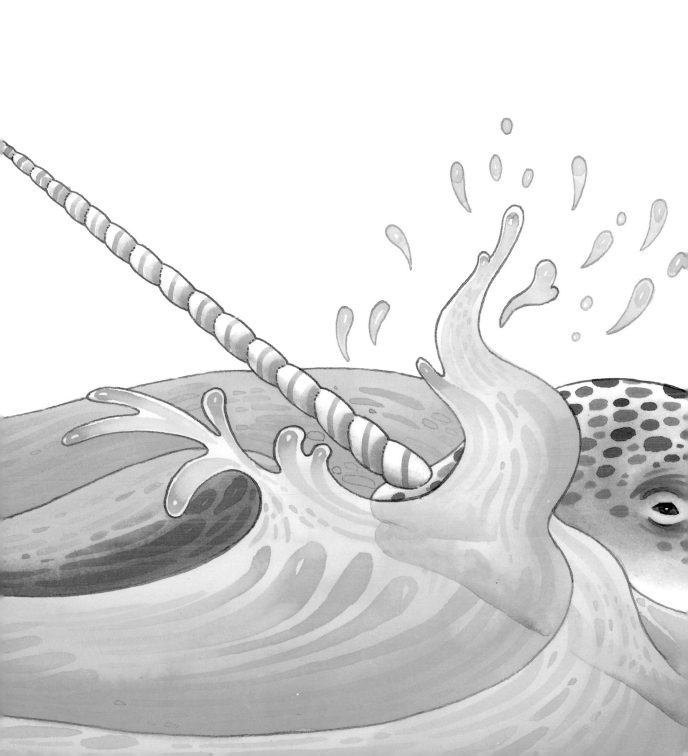

NARVAL

ES UN TIPO DE DELFÍN QUE SÓLO TIENE DOS DIENTES.

DE ESTOS DOS UNO SE DESARROLLA Y EL OTRO SE CAE.

PERO COMO NO LO USA, LE CRECE Y CRECE HASTA FORMAR UN LARGO CUERNO, COMO SI FUERA UNA LANZA. ESTO LE DA UNA APARIENCIA DE UNICORNIO MARINO.

LOS MACHOS UTILIZAN ESE DIENTE PARA PELEAR COMO SI FUERA UNA COMPETICIÓN DE ESGRIMA. PROCURAN NO LASTIMARSE, SOLAMENTE MIDEN FUERZAS.

VIVE EN AGUAS POLARES.

CUANDO SU ALETA APARECE,

LA GENTE DESAPARECE.

TIBURÓN

LO ÚNICO DURO DEL CUERPO DE ESTE ANIMAL SON SUS DIENTES, YA QUE TODO SU ESQUELETO ES GELATINOSO.

TIENE SIETE HILERAS DE DIENTES QUE LE CRECEN CONSTANTEMENTE. SI UNO SE LE CAE, TIENE SEIS DE REPUESTO. ESTO OCURRE CON FRECUENCIA PORQUE SUS DIENTES NO TIENEN RAÍZ.

EN SU VIDA LLEGA A DESECHAR HASTA DOS CARRETILLAS DE DIENTES.

SU PIEL ESTÁ FORMADA POR PEQUEÑOS DIENTECILLOS Y SI SE LE ACARICIA DE LA CABEZA A LA COLA ES MUY LISO, PERO DE LA COLA HACIA LA CABEZA ES COMO PASAR LA MANO SOBRE UNA CAMA DE CUCHILLOS O VIDRIOS ROTOS.

PUEDE OLER Y SENTIR EL SABOR DE SU PRESA A MUCHÍSIMA DISTANCIA.

ÍNDICE

ADIVINA QUIÉN ES... **ALAS**

ADIVINA QUIÉN ES... **CAPARAZONES**

ADIVINA QUIÉN ES... **COLAS**

ADIVINA QUIÉN ES... **CUERNOS**

ADIVINA QUIÉN ES... **DIENTES**

ADIVINA QUIÉN ES... **OJOS**

ADIVINA QUIÉN ES... **OREJAS**

ADIVINA QUIÉN ES... **PATAS**

ADIVINA QUIÉN ES... **PICOS**

ADIVINA QUIÉN ES... **PIELES**

Dirección editorial: Raquel López Varela
Coordinación editorial: Ana María García Alonso
Maquetación: Cristina A. Rejas Manzanera
Diseño de cubierta: Jesús Cruz

SEGUNDA EDICIÓN

© del texto: Silvia Dubovoy
© de las ilustraciones: David Méndez
© EDITORIAL EVEREST, S. A.
Carretera León-La Coruña, km 5 - LEÓN
ISBN: 84-241-8090-9
Depósito legal. LE. 1211-2002
Printed in Spain - Impreso en España

EDITORIAL EVERGRÁFICAS, S. L.
Carretera León-La Coruña, km 5
LEÓN (España)

www.everest.es

DATE DUE
